LETTRE

SUR

LES GRANDS VINS

DU MÉDOC

LA SCIENCE DE LES ACHETER
ET L'ART DE LES BOIRE

PAR

THÉOPHILE MALVEZIN

PROPRIÉTAIRE EN MÉDOC

MEMBRE DE PLUSIEURS SOCIÉTÉS SAVANTES

Auteur de :

Le Médoc et ses Vins ;
Carte routière et vinicole du Médoc ;
Carte agricole du département de la Gironde ;
Michel de Montaigne, son origine, sa famille ;
Histoire des Juifs à Bordeaux.

✦━━━◆✕◆━━━✦

BORDEAUX

FERET ET FILS, LIBRAIRES-ÉDITEURS,

15, COURS DE L'INTENDANCE, 15.

1878

LETTRE

SUR

LES GRANDS VINS
DU MÉDOC

*LA SCIENCE DE LES ACHETER
ET L'ART DE LES BOIRE*

PAR

THÉOPHILE MALVEZIN

PROPRIÉTAIRE EN MÉDOC

MEMBRE DE PLUSIEURS SOCIÉTÉS SAVANTES

Auteur de :

*Le Médoc et ses Vins ;
Carte routière et vinicole du Médoc ;
Carte agricole du département de la Gironde ;
Michel de Montaigne, son origine, sa famille ;
Histoire des Juifs à Bordeaux.*

BORDEAUX

FERET ET FILS, LIBRAIRES-ÉDITEURS,
15, COURS DE L'INTENDANCE, 15.

1878

LETTRE

LES GRANDS VINS

CHATEAU DE PICOURNEAU-MALVEZIN,
canton de Pauillac, Haut-Médoc
(Gironde).

MADAME,

MONSIEUR,

« *Ce que je sais le mieux, c'est mon commence-
ment,* » dit Mᵉ l'Intimé dans la charmante comédie
des *Plaideurs*. Mᵉ l'Intimé était bien heureux, car je
sens que, pour moi, le plus difficile c'est précisément
de commencer.

Je ne suis précisément pas sans quelque habitude
de m'adresser au public. Les hasards de la vie
moderne obligent beaucoup de personnes à se mettre
en relations avec la foule; aussi, quel est celui d'entre
nous qui n'ait commis sa petite conférence ou sa
mince brochure? Quant à moi, j'ai bravement publié
quelques volumes soporifiques, et je n'éprouve pas
de remords pour m'être quelquefois mis en présence
d'un auditoire dont les regards sympathiques étaient
un encouragement à ma présomption.

Mais aujourd'hui je n'ai pas à trouver un appui
dans l'intérêt du sujet que j'ai à traiter; ou du moins

2

j'ai à craindre que l'intérêt de ce sujet ne soit gâté par cette circonstance fâcheuse, par cette tâche ingrate, que je suis obligé de parler de moi, de ce moi haïssable ; chose qu'un homme de goût n'aime guère à faire.

Le but de ma lettre est, en effet, de vous entretenir de la science d'acheter les bons vins du Médoc et de la Gironde, ainsi que de l'art de les boire et de les faire boire à vos amis ; mais il est aussi de vous dire que je suis propriétaire d'un vignoble important en Médoc ; de vous offrir, en pièces ou en bouteilles, les vins de ce domaine ; et, en outre, mes bons offices, bons offices entièrement et absolument gratuits à votre égard, pour vous procurer ceux des grands vins du Médoc, de Sauternes ou de Saint-Émilion que vous voudrez bien me demander.

Permettez-moi, puisque je me suis présenté ainsi moi-même, comme dans la tragédie antique, où l'acteur disait : « Je suis Oreste ! » ou bien « Agamemnon ! » de vous indiquer les motifs qui peuvent faire excuser mon audace.

Sans avoir le goût de la publicité, si je me décide à emprunter ses moyens d'action, c'est qu'il est impossible de méconnaître sa puissance pour mettre en rapports le consommateur et le producteur ; c'est qu'elle est le moins onéreux, le plus commode et le plus sûr des instruments. Je ne me suis pas décidé facilement, il est vrai, à vaincre une sorte de crainte ou de répugnance ; en vain voyais-je autour de moi de nombreux et d'illustres exemples de cette forme du courage civil ; en vain me disais-je qu'après tout s'adresser aux gourmets pour vendre le vin qu'on récolte n'a rien de plus déshonorant que de courir les foires et les réunions publiques et privées de tout un arrondissement, de serrer beaucoup de mains douteuses et de se proclamer dans les cabarets le sauveur de la France. J'étais comme ces baigneurs indécis ou effrayés qui regardent bien l'eau de la mer écumer autour de leur cabine, mais qui osent à peine avancer un pied tremblant. Et voilà qu'un ami téméraire m'a jeté brusquement en pleine eau : il s'agit de nager maintenant !

Nous nous étions perdus de vue depuis bien des années. Lui, orateur distingué, député, préfet à ses moments perdus, journaliste toujours, de goût et de tempérament à rendre des points à MM. Émile de Girardin et de Villemessant réunis ; moi, gentilhomme campagnard, faisant, il est vrai, de fréquents séjours à Paris ; mais toujours tant soit peu effrayé du bruit, de la grande lumière, des journaux, et soigneux de mon cant provincial.

« Voyons ! m'a-t-il dit hier au soir à ma modeste table de famille, après une ravissante journée de septembre où nous avions parcouru le Médoc, de Margaux à Lafite, veux-tu m'envoyer à Paris une pièce de ce vin dont nous avons bu ce matin, et 5o bouteilles de celui, plus vieux, que nous venons de déguster ?

— Je le veux bien.

— Tu en feras autant pour mon frère le colonel qui est en garnison en Bretagne, et pour mon beau-frère l'ingénieur qui construit un chemin de fer dans les Vosges.

— Rien ne s'y oppose.

— Je vais te demander un service de plus : pourrais-tu prier M. R..., qui a été si aimable pour nous ce matin à Margaux, ou M. le baron de L..., dont nous avons vu le château à Saint-Julien, de te céder pour nous quelques bouteilles de leurs crûs si renommés, et te charger de nous les faire parvenir?

— Parfaitement, je les joindrai à mon envoi; cela ne me donnera aucune peine, et je le ferai à titre purement gracieux, parce que je ne suis ni courtier ni négociant; je serai dédommagé au besoin par un échange de bons procédés avec mes voisins. Il en serait de même si les vins que tu demandes étaient dans les mains des grandes maisons de commerce de première main. Seulement les déboursés, s'il y en a, seront remboursés. Si d'ailleurs vous désiriez d'autres vins, soit du Médoc, soit des Graves, de Sauternes ou de Saint-Émilion, mes relations amicales avec la plupart des grands propriétaires et des grands négociants me permettent de les obtenir facilement pour mes amis.

— Pourquoi parles-tu des négociants ? Ne suffirait-il pas de s'adresser aux propriétaires ?

— Non : car s'il y a quelques propriétaires qui soignent et conservent leurs vins pour les vendre en détail, le plus grand nombre n'a ni le personnel ni le matériel nécessaires, et préfère vendre ses vins en primeur et en bloc au négociant. C'est ainsi que souvent les grands vins passent dans les mains des grandes maisons de commerce, qui attendent le moment favorable pour les livrer à la consommation. Mais ces maisons, il faut les connaître; car, s'il en est plusieurs qui ont une réputation bien établie de probité commerciale, il en existe un trop grand nombre dont il faut se méfier, et qui vendent fort cher d'affreux mélanges pompeusement décorés et étiquetés.

— Ne pourrait-on pas s'adresser en toute confiance à des associations de propriétaires ?

— Je l'ignore, car je ne connais pas un seul propriétaire faisant partie d'une association de ce genre. Et cependant, soit comme secrétaire général de l'Association Médocaine contre le phylloxera, soit comme auteur de l'ouvrage *Le Médoc et ses vins*, de la *Carte vinicole du Médoc*, de la *Carte agricole de la Gironde* (¹), j'ai vérifié, classé, catalogué les 190,000 hectares de vignobles girondins et les 6,826 propriétaires qui figurent dans la statistique de la Gironde, sans compter les 18,000 petits tenanciers qui n'y figurent pas. Or, je n'ai jamais trouvé un seul d'entre eux ayant mis le jus d'un seul de ses raisins dans une Société vinicole, œnophile ou autre de ce genre.

— Je pense que les propriétaires, s'ils ne s'associent pas, ont tort de ne pas le faire. Ils inspireraient aux consommateurs une grande confiance. L'association serait gérée par des hommes de leur choix qui feraient soigner les vins et les vendraient pour compte de chacun d'eux.

— Les associations de propriétaires ont été essayées à diverses reprises et n'ont pas réussi. Mon père a partagé cette illusion, il y a une trentaine d'années, avec les principaux propriétaires de la Gironde. Le

---

(¹) Cette carte a obtenu, avec la *Carte géologique* dressée par M. Raulin et la *Carte industrielle* dressée par M. Schrader, la médaille d'or accordée par l'Exposition de géographie de Paris 1875 à la Société de Géographie de Bordeaux.

fonds social n'a pas tardé à être compromis, puis
perdu; les ventes ont été désastreuses. Ces associations
ne me paraissent pas pouvoir réussir à raison de leur
principe même. Chaque producteur apporte son vin
à la Société; mais qui en fixe le prix? C'est lui-même.
Et il n'en peut être autrement. Si c'est en effet la
Société qui le fixe, elle devient acheteur vis-à-vis ce
co-associé, et il n'y a plus une association, mais un
acte de commerce. Il ne s'agit pas ici d'une marchandise dont la valeur est la même pour la même
quantité. Le vin de l'un vaudra commercialement mille
francs et celui de l'autre cent francs; l'associé qui
apporte son vin en fixera un prix trop élevé; c'est là
la condition secrète de son apport, le motif réel de
sa participation sociale. Mais le public ratifie rare-
ment ces prétentions exagérées; d'ailleurs tel vin plaira
et sera enlevé; tel autre, inconnu ou méconnu, ne
pourra se vendre. De là, récriminations, discorde et
liquidation désastreuse.

— Il faut donc s'adresser soit aux propriétaires
eux-mêmes, quand ils savent soigner leur vin, soit
aux grandes maisons qui l'ont acheté de première
main.

— Oui; mais s'il faut se méfier des marchands peu
scrupuleux, il faut surtout se méfier de ceux d'entre
eux qui prennent faussement la qualité de propriétaires
de vignobles. Il en est plus de trois que je pourrais
citer. Ils ne se contentent pas d'inventer le nom de
leur fantastique domaine; la lithographie et la gravure
ne manquent pas de complaisance et leur permettent
d'étaler sur leurs étiquettes les tourelles d'un château
dont la construction n'a jamais tourmenté l'architecte,

occupé le cadastre, ni enrichi les cotes foncières de la commune. Il va sans dire que l'heureux possesseur de ce *crû en Espagne* annonce fièrement qu'il en a le monopole. Quelques-uns de ces Messieurs ne se contentent pas d'un château illustré; il leur en faut un dans chaque contrée vinicole renommée. Ils aiment aussi à s'attribuer plusieurs noms; et lorsque vous avez été trompé par la maison Robert-Macaire et Cie, vous êtes retrompé par la maison Gobseck et Mercadet, ou par le gérant-directeur des vignobles réunis de Gogoville, qui sont le même charlatan sous des noms différents, mais avec la même piquette.

— Tu commences à m'éclairer: les bons vins sont comme les objets d'art et les chevaux; il faut se méfier des brocanteurs et des maquignons.

— Parfaitement. Mais si tu veux ne pas être trompé, il ne faut pas vouloir obtenir un objet pour un prix au-dessous de sa valeur réelle. Tu n'auras pas un Fromentin, un Diaz ou un Corot pour le prix d'une image d'Épinal, ni un cheval de sang pour le prix d'une rosse.

— Nous sommes d'accord. Mais alors pourquoi, au lieu d'une association de propriétaires, qui ne peut vivre, ne se créerait-il pas une sorte d'association de consommateurs, ce qui n'a rien que de très facile? Je veux dire que si un grand nombre de personnes qui désirent posséder de bons vins et des grands vins, sans avoir entre elles d'autres liens que d'être conviées par la même voie et d'avoir le même intérêt à être bien servies, s'adressaient au même propriétaire, celui-ci, les vins étant livrés contre remboursement, n'aurait aucune perte à éprouver, aucune avance à faire; il trouverait dans le placement de sa propre récolte un dédommagement suffisant aux actes de complaisance qui lui seraient demandés.

En d'autres termes, puisque tu veux bien me fournir des vins de tes vignobles et que tu peux en fournir de 400 à 600 pièces, soit de 120,000 à 180,000 bouteilles tous les ans; puisque tu offres de me faire parvenir, par obligeance et en me guidant dans mes choix, les vins que je pourrai désirer parmi votre splendide collection de la Gironde, pourquoi ne le ferais-tu pas, non seulement pour quelques amis que des relations personnelles peuvent attirer, mais pour un plus grand nombre de personnes que la publicité amènerait ?

Si tes vins sont bons, si leur prix n'est pas exagéré, si tu es serviable, en conservant d'ailleurs toute ta dignité, tes premiers clients t'en amèneront d'autres, et la boule de neige se fera.

Je me résume, il faut laisser de côté ta pruderie de province; et quand tu vois dans les journaux les noms du duc d'Aumale, du duc de Montebello, et de bien d'autres, qui offrent au public les vins de leurs domaines, tu peux sans déroger en faire autant. Il faut faire de la publicité. »

Daignez excuser, Madame et Monsieur, cette digression un peu longue; et, laissant désormais complètement de côté ce qui peut m'être personnel, permettez-moi de vous entretenir quelques instants des vins de la Gironde, et principalement des vins du Médoc.

Je vous indiquerai leurs principales qualités.

J'oserai même risquer quelques conseils sur la *science de les acheter*, et sur l'*art de les boire*.

Enfin, je vous décrirai rapidement la contrée où ils se récoltent.

II

Avant de parcourir le Médoc à vol d'oiseau, demandons-nous quelles sont les qualités de ses vins; comment il faut les acheter, les soigner et les boire.

Il est universellement reconnu que les vins du Médoc possèdent les propriétés les plus bienfaisantes, surtout pour les enfants, pour les femmes délicates et les malades. La science en a donné les raisons. L'analyse chimique trouve dans le vin du Médoc des proportions admirablement combinées d'alcool, de tannin et de fer, qui expliquent ces propriétés.

Un vin laisse à désirer, même quand il sort de la plus haute origine, s'il manque de couleur, de corps, de sève ou de bouquet; s'il est âcre, sec et sans goût de fruit.

Il est parfait quand, arrivé à sa maturité, il joint à une couleur vive et pleine, du corps, du moelleux, de la finesse, le goût de fruit, et son parfum spécial.

Quand le vin pur du vrai Médoc est versé dans le verre en cristal de l'homme du monde ou dans la tasse d'argent du dégustateur émérite, il charme les yeux par sa couleur purpurine; il ressemble à un sombre rubis à facettes éclatantes.

Si d'une main savante vous agitez dans le verre la liqueur légèrement attiédie, elle exhale un arome délicat qui rappelle le parfum affaibli de l'amande, de la violette et de la framboise.

Ce vin généreux charme le palais par sa saveur veloutée, et réjouit l'estomac par sa chaleur bienfaisante; il n'a pas de ces fumées nuisibles qui attaquent le cerveau; il n'inspire qu'une aimable gaîté, et laisse l'intelligence libre, l'haleine pure et la bouche fraîche.

Telles sont les qualités des vins du Médoc.

Pour les obtenir, le viticulteur a dû joindre aux conditions favorables de sol et de climat que lui a données la nature, le choix intelligent du cépage, c'est-à-dire de l'espèce particulière de vigne qui offre les conditions spéciales de meilleure réussite; il doit en outre pratiquer les procédés de culture les plus propres à donner à ses vignes les produits les plus savoureux, et employer les procédés de vinification les mieux entendus pour développer toutes les qualités que renferme le raisin.

La qualité des vins n'est pas modifiée seulement par la nature du sol, par celle des cépages, par les soins de culture et de vinification : elle varie fréquemment à raison des circonstances atmosphériques plus ou moins favorables. Il en résulte que les vins du Médoc offrent, suivant les vignobles et suivant les années, une très grande différence de qualités et par conséquent de prix. Ainsi, dans une mauvaise année, tel crû placé au premier rang vendra à un prix moins élevé que celui obtenu dans une bonne année par un crû de cinquième ou de sixième rang.

Il est donc beaucoup plus important pour l'acheteur de désigner l'année que d'indiquer le nom du château. Un paysan 1864 ou 1865 vaut mieux comme qualité qu'un premier crû 1866, de même qu'un poney vigoureux vaut mieux qu'un pur sang fourbu.

Pour bien acheter, consultez votre bourse d'abord, votre goût ensuite, et laissez de côté la vanité. Si vous voulez imiter les femmes qui se parent de diamants faux, croyant qu'on les prendra pour de véritables; si vous vous inquiétez plus de l'étiquette que de la liqueur, et si vous voulez éblouir vos convives par l'éclat de grands noms usurpés, vous deviendrez la proie des marchands de vin au rabais, et vous mériterez les railleries de vos convives. Relisez le *Repas ridicule* de Boileau, et craignez qu'on ne dise de votre fiole frelatée :

C'est en vain qu'avec l'eau que j'y mets à foison,
J'espérais adoucir la force du poison.

Rendez-vous compte du prix que vaut le vin que vous désirez, et payez-le à sa valeur. Vous pouvez avoir d'excellents vins depuis 300 fr. la pièce et 2 fr. 50 la bouteille; mais il y en a qui se paient 3,000 fr. la barrique et 25 fr. la bouteille.

Il s'en est même vendu de beaucoup plus chers. En 1868, on vendit les vins en bouteilles de Château-Lafite; 10 bouteilles de 1811 se vendirent 121 fr. la bouteille.

Une fois fixé sur le prix que vous voulez mettre à vos vins, il faut encore connaître votre goût. Préférez-vous les vins chauds, séveux, corsés, colorés, parfumés, ou les vins plus faibles, plus légers, moins colorés, à l'arome délicat ? Deux vins différents par leurs qualités peuvent être du même prix, et souvent être du même vignoble, mais d'années différentes.

Une fois le vin rendu chez vous, il faut le soigner. Je ne puis vous indiquer ici tous les soins qu'il faut prendre, et je me borne à dire :

Pour vos vins en barriques, appelez un bon tonnelier qui les laissera déposer à leur arrivée, et qui saura les ouiller, les fouetter, les tirer au fin et les mettre en bouteilles.

Pour les vins en bouteilles, placez-les avec soin, sur des casiers étiquetés, dans une cave ou un lieu frais sans être humide, clos, à l'abri des ébranlements du sol, de la lumière et des courants d'air.

Buvez-les quand ils sont bons, et ne les laissez pas vieillir au point de perdre leur fraîcheur et leur sève; souvenez-vous que le vin est fait pour être bu, comme la femme pour être aimée; profitez de la fraîcheur de sa jeunesse ou de la splendeur de sa maturité; n'attendez pas la décrépitude.

Nous allons boire la bouteille que vous avez choisie. Mais encore faut-il savoir la boire.

Gardons-nous bien d'en croire Montaigne : il préfère *l'avaler que le goûter,* et il recommande d'y fuir la délicatesse; mais ce grand philosophe était un triste gourmet; il avoue qu'il ne savait pas distinguer le goût de l'aloès de celui du vin de graves.

Savoir boire est plus qu'une science, c'est un art dont j'ai parlé ailleurs : savoir boire le vin du Médoc n'est donné qu'à un gourmet exercé; savoir le faire boire à ses convives n'appartient qu'à un maître de maison doué d'un tact exquis et d'un goût éclairé.

Un beau cheval gêné par un cavalier mal habile ne peut développer l'élégance de ses allures; un tableau de maître a besoin d'une lumière et d'un entourage favorables pour faire apprécier le talent du peintre ; aucune femme, malgré sa beauté souveraine, n'ignore et ne dédaigne l'art de rehausser ses charmes par un accord harmonieux ou par un contraste savant.

Il est de même une science de boire les grands vins. Vous devez connaître les caractères qui distinguent chacun des vins que vous allez offrir à vos convives. Il est nécessaire, et de savoir les servir avec les mets qui seront de nature à les mieux faire apprécier, et d'observer la gamme savamment graduée qui permettra de faire ressortir tous leurs mérites.

Supposons donc que vous ayez le plaisir de réunir à votre table plusieurs invités. Je ne sais si vous êtes un personnage officiel, haut placé, ministre, sénateur, magistrat, général, ou tout au moins préfet ; un grand industriel, un riche négociant, un banquier en renom, un artiste célèbre, un landlord puissant ; mais je sais que vous appartenez à la *high-life,* que votre table est en réputation, que votre chef est excellent, et que votre sommelier a le goût délicat et exercé.

Après avoir étudié le menu, il décidera quels sont les vins qu'il doit offrir, dans quel ordre ils seront dégustés.

Les bouteilles choisies seront prises dès le matin dans le caveau, apportées avec précaution dans l'office en les tenant dans la position horizontale qu'elles avaient, et dans le même sens, de manière que le dépôt de lie qui a pu se former reste en dessous, et ne soit pas rejeté dans le vin par des mouvements trop brusques. La bouteille ainsi placée sera décantée au moment où elle devra être bue, pour conserver l'arome et le bouquet.

Le flacon qui va recevoir le vin doit être en hiver attiédi légèrement, mais il ne faut pas chauffer le vin. Ne cherchez aucun instrument pour décanter : rien ne vaut la précaution de ne pas déplacer le dépôt, et l'habileté de la main.

Les chariots d'or ou d'argent sont des ornements de table souvent de mauvais goût, presque toujours remplissant fort mal leur office. Laissez-en l'usage aux restaurants et aux novices.

Dans quel ordre les vins seront-ils servis ?

La règle à observer pour la concordance des vins avec les mets est celle-ci : Avec le poisson, les vins blancs; avec les viandes, les vins rouges généreux; vers la fin du repas, les vins rouges les plus vieux; à la fin du dessert, les vins blancs liquoreux et mousseux.

La règle pour la gradation des vins rouges du Médoc est de commencer par les plus jeunes et les moins célèbres.

Voyons comment ces règles sont observées par nos gourmets.

Que n'ai-je la plume de l'illustre Brillat-Savarin pour décrire le spectacle charmant d'une salle à manger d'élite !

Des femmes gracieuses dont la parure fait valoir sans affectation des charmes qui se devinent un peu plus qu'ils ne se montrent; des hommes aimables, spirituels, sans prétention, qui ont conservé l'antique tradition de l'urbanité française, sont assis autour d'une table où l'œil est réjoui par l'éclat des pièces d'or et d'argent du service, par la blancheur des porcelaines et la beauté du linge, par les reflets diamantins des cristaux sous les lumières, par le charme des fleurs qui marient à toutes ces nuances leurs couleurs éclatantes ou affaiblies.

Quelques cuillerées de potage ont par leur douce chaleur préparé le palais et l'estomac à remplir leurs utiles et agréables fonctions; une larme de Madère doré donne à ces organes toute l'activité nécessaire.

Avec les huîtres, que suivent le saumon ou le turbot, apparaissent les vins blancs de Bordeaux, que nous préférons au Champagne frappé en usage dans le Nord. Dès que le poisson est enlevé, le sommelier cesse de les verser.

Il offre, quand le chef sert les viandes, les grands ordinaires et les bourgeois supérieurs, jeunes et généreux, pleins de moelleux et de corps, à la robe purpurine, au bouquet parfumé. Il commence par les plus jeunes et les moins renommés. C'est avec les grosses viandes, le bœuf rôti, le sanglier, le chevreuil, qu'il servira les vins de Bourgogne plus corsés et plus capiteux.

Puis, quand vers la fin du repas les convives sont arrivés peu à peu à cet état de satisfaction où l'estomac, docile encore, ne manifeste plus d'impérieuses exigences, où le goût préparé par une savante gradation de sensations est susceptible des impressions les plus délicates, les grands vins rouges du Médoc font leur entrée triomphale, et le sommelier jette avec orgueil à votre oreille des noms et des dates illustres : Château-Margaux 58 ! Château-Lafite 48 !

Après ces vins, vous pouvez encore savourer les Sauternes liquoreux, et vider quelques coupes écumantes de Champagne.

Si, moins favorisé des dons de la fortune, vous

savez être un amateur éclairé, vous n'aurez dans votre
caveau réservé qu'un petit nombre de bouteilles de
ces grands vins au nom retentissant; mais vous
prendrez garde surtout que votre vin d'ordinaire soit
bon; vous remplacerez les *Lafite* et les *Margaux* par
des crûs de moindre renommée mais excellents, et
dont le prix variera de 3 à 5 fr. la bouteille. Vous
ne vous en rapporterez qu'à vous-même du soin de
choisir les vins que vous offrirez à vos invités. Vous
veillerez à ce qu'ils soient bus avec ordre; et, souvent,
si l'apparence du luxe est moins brillante, la satisfaction
des convives n'en sera pas moins grande, et les jouis-
sances des gourmets n'en seront pas moins délicates.

III

Si nous pouvions nous élever en ballon captif
au-dessus de Bordeaux, un peu plus haut que la
statue d'or de Notre-Dame d'Aquitaine, placée sur la
tour qui rappelle le pieux et patriotique souvenir du
saint archevêque Pierre ou mieux Pey Berlan, l'ancien
pâtre du Médoc, nous contemplerions un magnifique
spectacle.

Au Sud, les coteaux de Langon, de Barsac, de
Bommes et de Sauternes, avec les châteaux Yquem,
Latour-Blanche, Duroy, Peyraguey, Coutet et leur
riche cortége. Le paysage se perd dans les forêts de
pins. Il est bordé d'un côté par la Garonne, de
l'autre par la lande immense et stérile.

Autour de Bordeaux, dans cette verte ceinture de
pampres où se pressent de riantes villas et de populeux

villages, mûrissent les vins de *graves,* dont Haut-Brion est le roi, entouré du Pape-Clément, de la Mission, de Carbonnieux, d'Olivier, et des autres grands crûs de Pessac, de Talence et de Léognan.

A l'Est, dans le triangle que forment la Dordogne et la Garonne se rejoignant au Bec-d'Ambès, franchissons par les regards les palus de Queyries et de Montferrand sur les bords de la Garonne, les vignobles de l'Entre-deux-Mers qui donnent de bons vins de table, mais peu renommés, pour traverser la Dordogne, et apercevoir les crûs de Saint-Émilion et de Pomerol.

Descendant le cours de la Dordogne, toujours à notre droite, nous jetterons un coup d'œil sur les belles vignes de Bourg et de Blaye.

Devant nous, entre la nappe d'argent de la Garonne à notre droite, et la mer d'un sombre azur étincelante des feux du soleil à notre gauche, s'étendent les vertes collines couvertes de vignes aux rangs pressés ; elles s'arrêtent à la vaste nappe des landes qui les borde ; au lointain s'estompent les dunes au reflet doré, et tout à fait à l'horizon peut-être verrons-nous la tour hardie de Cordouan qui se dresse comme une blanche aiguille dans le double manteau bleu que lui forment le ciel et l'océan.

C'est le Médoc.

Sur ce terrain, manteau diluvien de cailloux de quartz roulés parmi lesquels se trouvent des échantillons translucides et d'une très belle eau, dont les joailliers savent faire étinceler les feux comme ceux des diamants, mûrit le raisin de cépages choisis, qui donnera les vins objets de soins nombreux.

La race de ces vignes est le fruit d'une sélection qui date de vingt siècles; elle était déjà célèbre du temps des Romains. Pline, Columelle, Ausone la citaient avec éloges.

Une taille et une culture savante n'ont épargné ni les dépenses ni les soins. La vigne a été taillée, dressée sur ses fils de fer, appuyée sur ses *carassons*, labourée, soufrée, ébourgeonnée, effeuillée. Dès les premiers jours de juin ses fleurs embaumées ont rempli les champs de leur odeur suave; le soleil a favorisé le chaste hymen, et la fleur fécondée a vu la grappe grossir et se colorer. Le raisin est mûr; les vendanges commencent au milieu de septembre.

Alors accourent de tous côtés, du Bordelais, du Blayais, du Bazadais, du Périgord, des Landes, des vendangeurs attirés par l'appât d'un salaire qui s'élève d'année en année.

Voici leurs longues files qui se dirigent vers les châteaux célèbres, vers Margaux, vers Latour, vers Lafite et vers de plus modestes vignobles.

Si nous avions le temps, Monsieur; si vous aviez confiance en moi, Madame, je serais heureux d'être votre guide dans le Médoc, si célèbre et encore si peu connu.

Le climat est doux et nous n'avons pas à craindre de froids trop vifs ni de chaleurs trop fortes. Une branche du grand courant du Gulf-Stream baigne le golfe de Gascogne de ses ondes chaudes. Le Médoc est abrité et défendu contre les rigueurs de l'hiver par les vastes forêts de pins maritimes qui couvrent les dunes; il est rafraîchi par la brise de mer pendant les chaleurs de l'été.

Voyez cette ligne qui partage les eaux, et les jette à l'Est vers la Gironde, à l'Ouest dans l'Océan. Le versant de l'Est, incliné vers le fleuve, sourit au soleil levant qui dore de ses feux la grappe purpurine, qui découpe dans l'azur les flèches élancées des églises, et éclaire de riches villages, une nombreuse et active population. Là, les châteaux se pressent; leurs noms sont connus dans l'univers.

Sur le versant occidental, penché mélancoliquement vers l'Océan, on n'aperçoit que la bruyère aride et monotone, à peine interrompue par quelques hameaux isolés. Le regard attristé ne s'arrête qu'aux sables des dunes, à la mer sans bornes et au ciel infini.

Là-bas, vers l'embouchure, dans cette mer toujours battue par la tempête, flottait autrefois, disent les traditions, la fabuleuse île d'Anthros; au bord de cet océan, des villes ont disparu et on n'en retrouve même plus les traces. Où étaient Noviomagos, Anchise, Metullium? C'est en vain que les savants, et parmi eux mon docte aïeul, Izaac de Casaubon, ont discuté en grec, en latin et même en français. Les sables ou les flots ont gardé leur secret.

Nous avons à visiter les forteresses écroulées, les églises romanes encore à moitié conservées; les reliques de sainte Véronique, dans cette église de Soulac retrouvée sous les dunes; à nous entretenir des hommes dont le nom se rattache au Médoc : du pape Clément et du Prince Noir, du roi Jean et de Du Guesclin, des Chandoz, des Knolle, des Talbot; et des hauts barons indigènes : des Pierre de Bordeaux, descendants de saint Paulin, et dont la race, alliée aux maisons de Foix et d'Albret, se retrouve dans le sang

des Bourbons; des sires de Lesparre, des Durfort-
Duras, des Dunois, des Grailly, des Montferrand, des
princes de Clèves et de Mantoue, des Matignon, des
Grimaldi, des d'Épernon, des Gramont, des du
Haillan, des Pontac, de La Boëtie, de Montaigne,
de Montesquieu, et, plus près de nous, de Portal,
de Ravès, de Peyronnet, de Martignac et de tant
d'autres.

Nous avons à saluer d'illustres et gracieuses femmes :
la fabuleuse Esclarmonde, princesse de Gironville,
dont l'histoire s'emmêle avec celles de Charlemagne,
de saint Hubert et de Huon de Bordeaux; la brune
fille du soudan de Babylone qui se fit enlever par
le sire de Lesparre avec un grand nombre de cha-
meaux chargés d'or et de pierreries; Éléonore, la
fière duchesse d'Aquitaine, la malheureuse reine
d'Angleterre, celle qui fut mère de ce roi Richard
Cœur-de-Lion, dont l'ombre faisait tressaillir d'effroi
les chevaux sarrasins; madame de Duras, l'auteur
d'*Ourika;* madame de La Rochejacquelein, l'hé-
roïque vendéenne; la duchesse d'Angoulême s'em-
barquant à Pauillac; la duchesse de Berry enfermée
à Blaye.

Mais il ne s'agit ici ni d'histoire, ni de légende; il
s'agit seulement du vin de Médoc, et le sujet est déjà
trop vaste; ainsi je vais me borner à vous montrer
les trois grands châteaux du Médoc.

Nous franchissons les territoires de Ludon, de
Macau, de Labarde, de Cantenac, sans nous arrêter
aux crûs de la Lagune, Cantemerle, Giscours, Brane,
Issan, Kirwan, Brown, Palmer, malgré leurs noms
éclatants.

Voici Margaux, colonnade grecque, bâti en 1803.
Margaux a inspiré la verve d'un poète gourmet :

Voici l'un des trois Rois, l'un des trois Dieux du monde !
. . . .
De ce château divin tout peuple est tributaire ;
Nul ne tenta jamais, esclave révolté,
De secouer le joug de son autorité.
Quand des rois d'aujourd'hui la puissance chancelle,
La sienne grandit seule, elle est seule immortelle !

Au moment de la Révolution de 1789, le château
Margaux appartenait au comte d'Hargicourt, dont le
vrai nom était comte Dubarry, et qui était beau-frère
de la célèbre favorite du roi Louis XV. La nation
confisqua le domaine et le vendit comme bien
d'émigré. De nos jours, Margaux a appartenu au
marquis de La Colonilla, qui a fait construire le
château actuel ; et, depuis 1836, au célèbre banquier

espagnol Aguado, marquis de Las Marismas, dont l'un des fils, le vicomte Onésyme Aguado, le possède aujourd'hui.

Autour de Margaux se dressent ses voisins, moins élevés en dignité, les Rauzan, Las Combes, Durfort, Malescot, Desmirail, Becker, Ferrière, Terme.

Ne nous arrêtons pas à Saint-Julien, ni aux Léoville, ni aux Laroze, ni à Beaucaillou, qui brillent comme seconds crûs; encore moins à La Grange, à Langoa, à Duluc, à Saint-Pierre, à Talbot, à Beychevelle : nous avons hâte d'arriver à Latour. Saluons en passant les tourelles des trois Pichon-Longueville, et arrêtons-nous devant la vieille tour historique de Saint-Lambert.

Laissons le poëte Biarnès louer les vins de Latour :

Cette triste muraille et ce modeste faîte
Abritent d'un grand roi la glorieuse tête.

. . . .

La Tour n'a pas besoin d'un éclat emprunté;
Pas de lambris dorés, pas de pompe illusoire,
A ses seules vertus il veut devoir sa gloire.

Au bord du marais que domine le château, voici Lafite.

L'histoire de Lafite ne manque pas de souvenirs; mais qu'importent les Ségur, les Pichard, les de Witt, les Vanlerberghe! Qu'importerait même le nom de ses propriétaires actuels, MM. les barons de Rothschild! Le nom de Lafite n'a pas besoin d'un éclat étranger, il est assez illustre par lui-même.

Margaux produit environ 125 tonneaux, Latour 90 et Lafite 180. Ces vins se sont vendus en primeur 5,000 fr. en 1865; 6,250 fr. en 1868, et à peu près les mêmes prix en 1870, 1874 et 1875. Peu d'années après chacune de ces ventes, les prix de chaque récolte avaient à peu près doublé.

Nous ne pouvons oublier de mentionner dans Pauillac le crû de Mouton, à M. J. de Rothschild, presque égal en renommée à ses trois aînés; et, après Milon, la nombreuse pléïade des cinquièmes crûs : Pontet-Canet, Batailley, d'Armagnac, les Grand-Puy, les Bage, non plus que Latour-Carnet, Belgrave et Camensac, à Saint-Laurent.

A Saint-Estèphe, Cos-d'Estournel, Calon, Rochet, Cos-Labory, défilent devant nos yeux.

Si vous êtes fatigués de cette longue route, permettez-moi, Madame et Monsieur, de faire entrer la voiture dans l'avenue de Picourneau; la grille hospitalière est ouverte.

Si le gîte est modeste, l'accueil sera bienveillant, et je puis vous assurer bonne mine d'hôte. Je n'ose dire : « Bon souper, bon gîte et *bon vin*. » Ce sera affaire à vous de décider.

J'aurais mauvaise grâce à vanter ma marchandise;

aussi bien n'ai-je pas l'honneur d'être marchand : je suis simplement viticulteur; j'aurais préféré dire *vigneron,* si Paul-Louis Courrier n'avait usurpé ce titre.

Mais, si je dois garder le silence, peut-être me sera-t-il permis de vous indiquer la *Statistique de la Gironde* (p. 258), où vous pourrez lire : « Le » domaine de Picourneau possède un magnifique » vignoble, qui doit à la nature graveleuse de son » sol et à un excellent choix de cépages de produire » un des vins les plus recherchés, se distinguant par » une belle couleur, une grande richesse de sève, » beaucoup de finesse et de distinction. » Ch. Coks (*Bordeaux et ses vins classés par ordre de mérite,* p. 178) s'exprime à peu près dans les mêmes termes.

Le crû de Picourneau-Malvezin a obtenu une des médailles d'argent attribuées aux châteaux du Médoc à l'Exposition universelle de Paris 1867.

Mais c'est trop longtemps parler de soi.

Permettez-moi, avant de nous séparer, de mettre à votre service ma vieille expérience dans la noble science du Médoc, et, puisque vous êtes mes hôtes d'un moment, de boire avec vous le vin de l'adieu et du revoir.

Je remplirai votre verre, Monsieur, de ces vins grands ordinaires du Médoc qui ressemblent tant aux plus illustres, et qui, s'ils ont quelquefois moins de finesse, de moelleux ou de bouquet, sont plus colorés, plus fermes, plus corsés, et méritent une place honorable à côté de leurs aînés.

Je verserai, Madame, dans le cristal étincelant de votre coupe, les rubis liquides de nos grands crûs;

je vous enseignerai à agiter avec grâce du bout de
vos doigts charmants le verre léger de mousseline, à
respirer le parfum délicat qui s'en exhale, à savourer
le doux baiser que de vos lèvres roses vous donnez
au divin Bacchus. Et ne craignez rien de cet adorateur
qui s'insinue discrètement dans tout votre être : le Génie
du pur Médoc est semblable au lutin d'Argyll que
Nodier nous a montré soupirant auprès de la douce
Jenny dans les brises du lac bleu; il sait ne jamais
dépasser les bornes d'une aimable gaité et d'une
décente raison. Il aiguisera votre fin sourire; il fera
scintiller les diamants de vos beaux yeux; peut-être
échauffera-t-il légèrement l'étincelle qui sommeille
dans votre cœur, mais est-ce toujours un mal... si
vous seule êtes dans le secret!

Daignez agréer, Madame et Monsieur, l'assurance
de mes sentiments les plus respectueux.

Théophile MALVEZIN.

S'adresser pour les demandes et renseignements :

à M. Th. MALVEZIN, au château de Picourneau,
  Pauillac (Vertheuil), Haut-Médoc (Gironde),
      ou, 5, place Dauphine, Bordeaux.

EN SOUSCRIPTION :

STATISTIQUE GÉNÉRALE

DU DÉPARTEMENT DE LA GIRONBE

Par ÉDOUARD FERET

3 beaux vol. gr. in-8 raisin, ornés de cartes et de nombreuses gravures sur bois.

Prix de souscription pour les trois volumes : 36 fr.

Le deuxième volume, paru le premier à raison de son importance vinicole, a obtenu la médaille d'or au concours de la Société d'Agriculture de la Gironde. Les deux autres paraîtront prochainement.

Le volume paru se vend séparément : br., 14 fr.; relié en toile, 16 fr. Ajouter 2 fr. pour le recevoir *franco* par la poste.

A Paris, chez G. MASSON, libraire-éditeur, rue Hautefeuille, 10.

MICHEL DE MONTAIGNE

SON ORIGINE, SA FAMILLE

Par THÉOPHILE MALVEZIN

1 beau volume in-8 avec carte. Fac-simile des signatures de Montaigne, La Boëtie, etc.

Tiré à 300 exemplaires numérotés, dont :

50 exemplaires sur papier de Hollande extra-fort de Van Gelder, d'Amsterdam. (Épuisé).   25 fr.

250 exemplaires sur papier vergé.   8

Il n'en reste qu'un petit nombre.

Histoire des Juifs à Bordeaux

Par THÉOPHILE MALVEZIN

1 beau volume in-8, imprimé en caractères elzéviriens, tiré rouge et noir.

Tiré à 500 exemplaires.   7 fr. 50

50 exemplaires sur papier de Hollande de Van Gelder, d'Amsterdam.   15 fr.

LE MÉDOC ET SES VINS

Guide vinicole et pittoresque de Bordeaux à Soulac

Par Théophile MALVEZIN

Propriétaire au château de Picourneau-Médoc

et Édouard FERET

Auteur de la **Statistique générale du département de la Gironde.**

1 vol. in-12 : 2 fr. 50 ; franco par la poste, 2 fr. 65

A Paris, chez G. MASSON, libraire-éditeur, rue Hautefeuille, 10.

Carte Routière et Vinicole du Médoc

Par Théophile MALVEZIN

Pour accompagner l'ouvrage du même auteur, intitulé :

LE MÉDOC ET SES VINS

1 feuille colombier, gravée à Paris par Reignier, et tirée à trois couleurs.

Prix : 4 fr. — Collée sur toile et pliée dans un cartonnage doré ou montée avec gorge et rouleau, 3 fr. en sus. — Sur toile vernie avec gorge et rouleau soignés, 6 fr. en sus.

A Paris, chez G. MASSON, libraire-éditeur, rue Hautefeuille, 10.

CARTE AGRICOLE DE LA GIRONDE

Par Théophile MALVEZIN

1 feuille grand aigle, teintée à neuf couleurs.

Médaille d'or de la Société de Géographie de Paris
(Exposition de 1875)

Prix : 6 fr.; cartonnée sur toile, 10 fr.

Bordeaux. — Imp. G. Gounouilhou, rue Guiraude, 11.

www.ingramcontent.com/pod-product-compliance
Lightning Source LLC
Chambersburg PA
CBHW070800210326
41520CB00016B/4771